1 さくらって
どんな木？

監修・勝木俊雄

もっと知りたい

さくらの世界

汐文社

🌸 はじめに 🌸

日本では、春になるとさくらがさき、
花を見て楽しむお花見がおこなわれます。
あたたかな日の光のなか、みんなと食べるおべんとうは、
とてもおいしいものです。

このようなお花見は、日本全国でその土地にあったやり方で
おこなわれています。そして、今では日本だけではなく、
世界中の人びともさくらの花を楽しむようになりつつあります。
また、春に花を見るだけではなく、
さくらはふだんの生活のなかでもさまざまに利用されています。
日本の社会は、さくらであふれているのです。

これほど身近なさくらですが、
みなさんはさくらについてどれだけ知っていますか?

このシリーズの1巻では、
生き物としてのさくらの種類や四季の変化について、
2巻ではお花見の名所や歴史について、
3巻ではさくらを使った言葉や食べ物、
もようなどについて、しょうかいしています。

さくらのことをもっとよく知るようになると、
きっとお花見が今より楽しくなるでしょう。

勝木俊雄

もくじ

さくらがさいた!

あたたかい春の日。
'そめいよしの'というさくらの花がさいています。
さくらの花には、どんなひみつがあるのでしょうか。
見ていきましょう。

4

さくらの1年を見てみよう

さくらは、春、夏、秋、冬をどのようにすごすのでしょうか？
'そめいよしの'を例に1年の様子を見ていきましょう。

春

早春、えだの先の花芽がふくらんできます。あたたかくなるにつれ、花芽からつぼみが出てきて、花がさきます。花に続いて、新しい葉が出てきます（→11ページ）。

葉芽
葉がのびる芽。

花芽
花がのびる芽。

❶花芽がふくらみ、緑っぽく見えてくる。葉芽は、まだ茶色く、かたい。

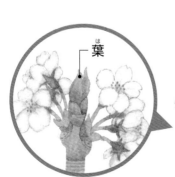

葉

❷花がさく。葉芽がふくらみ、葉が外へ出てくる。

❸花びらが散り、新しい葉がのびる。

夏（なつ）

葉の緑色（はみどりいろ）がだんだんとこくなっていきます。葉（は）のわきには、来年（らいねん）の芽（め）がつくられます（→13ページ）。

葉芽（はめ）
花芽（はなめ）

❹葉（は）のわきに来年（らいねん）の葉芽（はめ）と花芽（はなめ）がつくられる。

秋（あき）

すずしくなってくると、葉（は）の色（いろ）が緑（みどり）から黄色（きいろ）、赤（あか）へと変（か）わり、冬（ふゆ）にそなえて葉（は）を落（お）とします（→14ページ）。

❺葉（は）が真（ま）っ赤（か）にそまる。

冬（ふゆ）

すべての葉（は）を落（お）としてえだだけになり、じっとねむって春（はる）を待（ま）ちます。冬（ふゆ）を乗（の）りこえるための芽（め）を「冬芽（ふゆめ）（→17ページ）」といいます。

❻葉（は）が落（お）ち、冬芽（ふゆめ）だけになる。

さくらの1年 春

寒い冬が終わり、少しずつあたたかくなってきました。さくらの花芽のなかでは、春本番に向けて、花がさくじゅんびをしています。

花芽からつぼみが出てくる

えだの先や横には、小さな花芽や葉芽がついています。花芽は、あたたかくなるにつれ少しずつふくらみます。やがて、花芽のなかからつぼみが飛び出します。

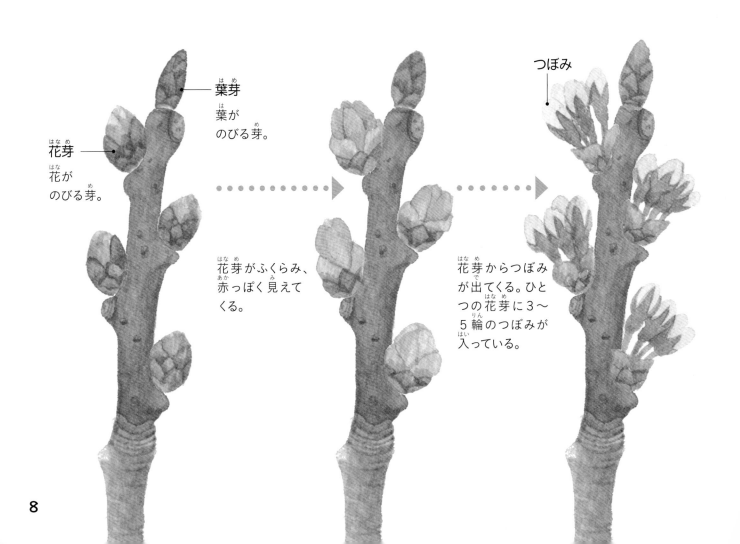

葉芽
葉がのびる芽。

花芽
花がのびる芽。

花芽がふくらみ、赤っぽく見えてくる。

つぼみ

花芽からつぼみが出てくる。ひとつの花芽に3〜5輪のつぼみが入っている。

花がさきはじめる

　さくらの花がさきました。つぼみはピンク色ですが、開いた花は白です。木全体では、1週間ぐらいかけて満開になります。

　花がさくと、ミツバチなど、さまざまな虫が花のみつをもとめてやってきます（→36ページ）。

　また、葉芽のなかには、新しい葉が折りたたまれて入っていて（→17ページ）、花がさくころ、外へのびてきます。

さくらメモ　満開までの言葉

　花見に出かけるときの目安となる、「○分ざき」とは、さくらの花のさき具合のことです。気象庁では、きじゅんとなるさくらの木（標本木→2巻）を決めていて、その木がどのくらい開花したのか、開花の様子を観そくしています。

開花　5〜6輪の花がさいたころ。

三分ざき　3わりの花がさいたころ。

五分ざき　半分ぐらいの花がさいたころ。

満開　8わり以上の花がさいたころ。

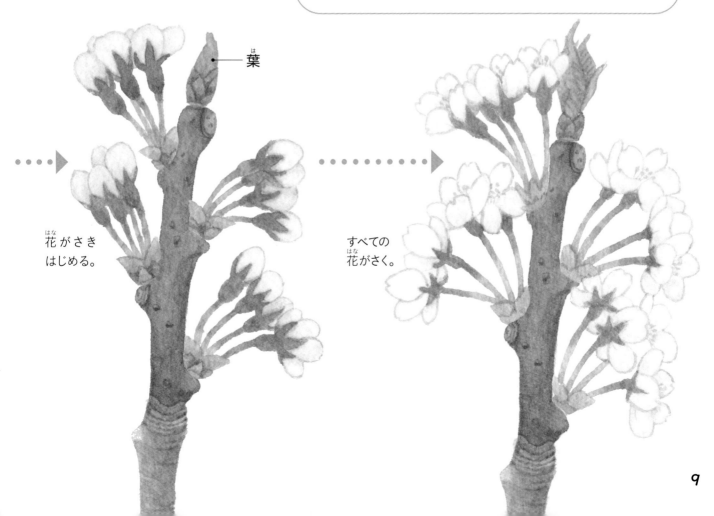

葉

花がさき
はじめる。

すべての
花がさく。

さくらの花が
ひらひら散っていくよ

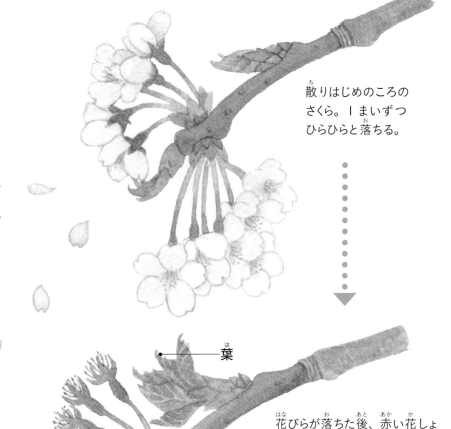

花びらが散る

花びらが散りはじめました。花びらは、さいて10日ぐらいすると、風がふいただけで雪がふるように、ひらひらとまい散ります。

散りはじめのころのさくら。1まいずつひらひらと落ちる。

花びらが落ちた後、赤い花しょうとう（→19ページ）とおしべ（→18ページ）が残る。葉芽から出てきた新しい葉がのびる。

葉

葉

花しょうとう

おしべ

新しい葉が広がる

花びらが落ちた後、葉芽から出てきた新しい葉とえだがいきおいよく成長します。また、花から実になることがあります（→35ページ）。

花の季節が終わり、まぶしい太陽のもと、元気いっぱい葉をしげらせる、新緑の季節に入ります。

実

えだがのび、葉が大きく広がる。実がつくこともある。

さくらの1年 夏

春のうちに広げた新しい葉は、夏に向かって、深い緑色になっていきます。

さくらの葉は太陽の光を
いっぱいあびるよ

光を集める葉

　春のころ、葉芽から出たばかりの葉は、みずみず しい明るい緑色をしていましたが、夏は、こい緑色 になっています。

　葉は、夏のあいだ、太陽の光をたくさん受けとり、 えだやみきを成長させる栄養分をつくりだします。

　夏はさくらの木が体力をたくわえる 季節なのです。

芽りんのあと
新しくのびたえだのも とには、先たんの葉芽 をおおっていた芽りん （→17ページ）のあとが 見られる。芽りんのあ とをたどれば、1年で どれだけえだがのびた のか、わかる。

よく年の芽

よく年の芽

よく年の芽をじゅんびする

　'そめいよしの'は、夏のあいだによく年の芽を葉のつ け根につくります。つくられた葉芽や花芽は、来年の春 の出番を待ちながら、冬までねむりにつきます。

よく年の芽がついた 'そめいよしの' のえだ。

13

さくらの1年 秋

夏が終わり、秋になると、緑色の葉は、少しずつ緑から黄色、赤色に変わっていきます。

色づく葉

　夏、太陽の光をあびて、十分な栄養分をつくった葉は、秋になり、気温が下がると、緑色がぬけ、黄色や赤色に色づいてきます。やがて葉は落ち、木はみきとえだだけになります。

葉は虫や病気で、ところどころあながあいている。葉が赤くなるのは、葉が落ちる前のほんの少しのあいだだけ。

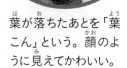
葉こん

葉が落ちたあとを「葉こん」という。顔のように見えてかわいい。

表

うら

うら側は表にくらべてうすい赤色。

さくらの葉が
真っ赤になったよ

土をゆたかにする落葉

　えだから落ちた葉は、地面に積もります。落葉は、虫などの小さな生き物のかくれ家になったり、食べ物になったりします。
　やがて落葉は、栄養たっぷりの土になり、新しい草木を育てます。

トビムシのなかまや、ミミズやダンゴムシなどが落葉の下でくらしている。

15

さくらの1年  冬

すべての葉を落としたさくらの木は、冬のきびしい寒さにたえています。

葉を落として、
冬を乗りこえるよ

寒さにたえる冬芽

　冬のあいだ、寒さにたえる花芽や葉芽のことを「冬芽」といいます。

　冬芽は、芽の内部を寒さから守るため、あついうろこのようなものをまとっています。これを「芽りん」といいます。

'そめいよしの' のえだについた冬芽。

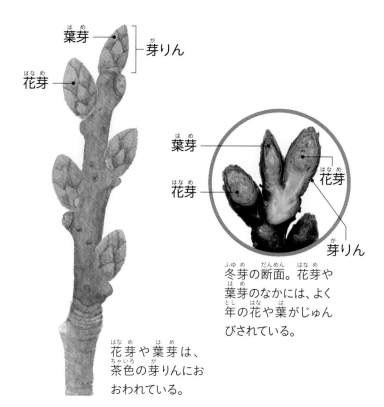

葉芽 —— 芽りん

花芽

葉芽

花芽

花芽

芽りん

冬芽の断面。花芽や葉芽のなかには、よく年の花や葉がじゅんびされている。

花芽や葉芽は、茶色の芽りんにおおわれている。

ねむりからさめる冬芽

　冬芽は、冬がはじまっても、しばらくはねむっていますが、ある期間、寒さにさらされると、それがスイッチとなり、ねむりからさめます。めざめた花芽は、ゆっくりと動きはじめ、花がさくじゅんびをはじめます。

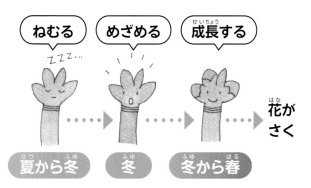

ねむる　めざめる　成長する

Zzz…

花がさく

夏から冬　冬　冬から春

さくらメモ　さくらのくるいざき

　春に花がさくはずのさくらが、秋から冬にさくことがあります。「くるいざき」といいます。本来なら、夏につくられた芽は、冬までねむるはずですが、いろいろな理由で冬になる前にめざめ、秋に花をさかせたり、葉をつけたりしてしまうのです。くるいざきのさくらは、よく年の春にさく花がへると考えられています。

秋に花がさいた 'そめいよしの'。

17

さくらの花のつくり

さくらの花はどのようなすがたをしているのでしょうか。
'そめいよしの'を例に見ていきましょう。

花のつき方と正面から見たすがた

ひとつの花芽から
出てきた4輪の花。

'そめいよしの'の花は、ひとつの花芽に3〜5輪の花がまとまってつきます。

ひとつの花に花びらは5まいあり、花びらの先はふたつに分かれています。花のなかには、花粉をつくるおしべが15〜40本ぐらいあり、中心にめしべが1本あります。

また、花の色は、さきはじめは白く、散りぎわは赤っぽく変わります。

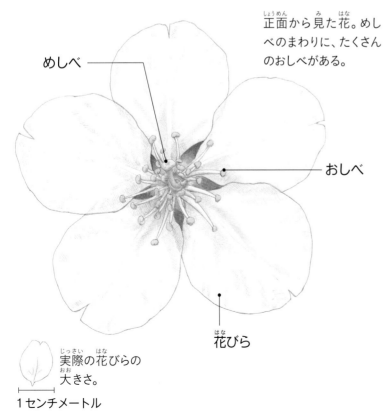

めしべ

おしべ

花びら

実際の花びらの大きさ。

1センチメートル

正面から見た花。めしべのまわりに、たくさんのおしべがある。

さきはじめの花。

散りぎわの花。おしべと花びらが赤くそまる。

18

花のなかはどうなっているの？

さくらの花をたてに切ってみましょう。花びらの下が長いつつのようになっています。これを「花しょうとう」といいます。

めしべのもとには、のちに実になる子ぼうがあります。花粉がめしべの先につくと、めしべのもとの子ぼうがふくらみ、実ができます。

また、花しょうとうの内側にはみつがあり、みつを求めて虫や鳥がたくさん花におとずれます（→36ページ）。

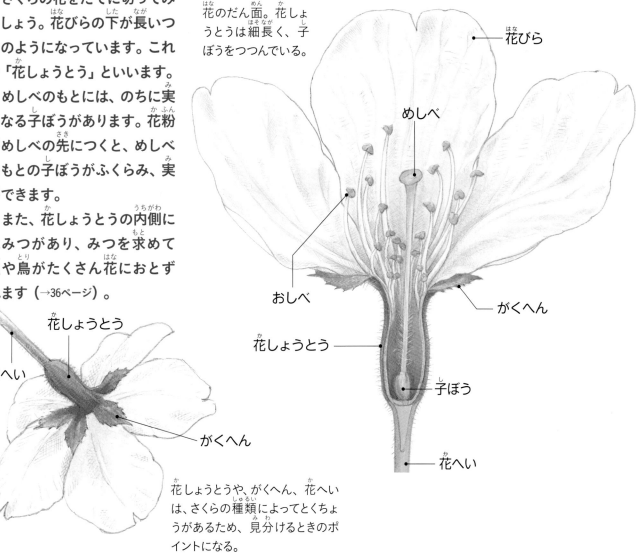

花のだん面。花しょうとうは細長く、子ぼうをつつんでいる。

花びら

めしべ

おしべ

がくへん

花しょうとう

子ぼう

花へい

花しょうとう

花へい

がくへん

花しょうとうや、がくへん、花へいは、さくらの種類によってとくちょうがあるため、見分けるときのポイントになる。

（→36ページ）

さくらメモ　八重ざきのさくら

花びらがたくさん重なってさく「八重ざき」というさき方のさくらがあります。花のふさが、丸くて大きいため、「ぼたんざくら」ともよばれます。

八重ざきのさくらには、'かんざん'（→32ページ）や'ふげんぞう'（→33ページ）などのさいばい品種（→30ページ）があります。

'かんざん'という名前の八重ざきのさくらの花。

さくらの葉のつくり

さくらの葉はどのようなすがたをしているのでしょうか。'そめいよしの'を例に見ていきましょう。

みつを出す葉

葉の先は短くつきでていて、葉全体は、たまごのような丸い形をしています。さくらの葉には、あまいみつを出す「みつせん」があります。ふつう、みつせんは、花のなかにありますが（→19ページ）、さくらは葉にもついています。

花が散り、新しい葉が出てすぐのころ、みつをもとめて虫がやってきます。

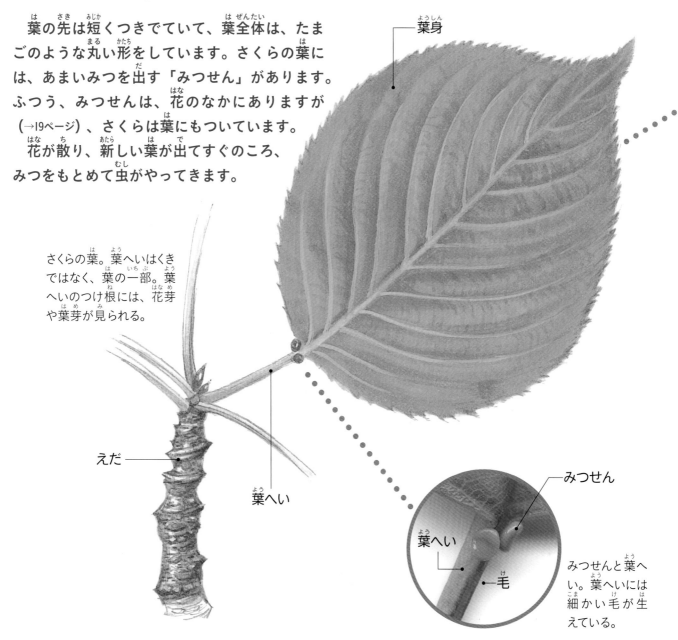

葉身

さくらの葉。葉へいはくきではなく、葉の一部。葉へいのつけ根には、花芽や葉芽が見られる。

えだ

葉へい

みつせん

葉へい

毛

みつせんと葉へい。葉へいには細かい毛が生えている。

葉のふちと葉脈

　さくらの葉のふちは、ぎざぎざした形をしています。また、葉の表面には、「葉脈」とよばれる細かいあみのような線が見られます。葉脈のなかでは、根からすい上げた水や養分などが、葉のすみずみまで運ばれています。

ヤマザクラ
（→ 24 ページ）

タカネザクラ
（→ 26 ページ）

チョウジザクラ
（→ 26 ページ）

ぎざぎざの切れこみぐあいは、さくらの種類によってちがう。

近づいて見てみると、細かい葉脈があるのがわかる。

葉脈

ひとつの木で見られる
さまざまな葉の大きさや形

　同じさくらの木でも、えだによって葉の大きさや形はさまざまです。さくらのえだには、１年で数十センチメートルものびる「長枝」と、１年で数ミリメートルしかのびない「短枝」があります。
　長枝の葉の形はふぞろいなものが多く、短枝の葉の形は、わりあいそろっています。そのため、さくらの種類を見分けるには、短枝の葉で見分けます。

短枝

１年でのびたえだ

短枝の葉の形はそろっている。

長枝

長枝の葉の形はふぞろい。

１年でのびたえだ

年れいで変わる　さくらの木のすがた

さくらは、わかいころの木と、年老いた木とで、そのすがたが大きくちがいます。‘そめいよしの’を例にちがいを見ていきましょう。

わかい木と年老いた木とのちがい

　さくらの木のえだは、上向きにまっすぐのびようとします。ところが、年を重ねて太くなったえだは、自身の重みで次第にたれ下がり、横向きにのびたように見えます。このため、年老いたさくらの木は、わかいさくらの木よりも、全体的に丸みをおびた形になります。

　みきの皮のすがたもちがいます。わかい木では、つやがありますが、年老いた木はごつごつしています。

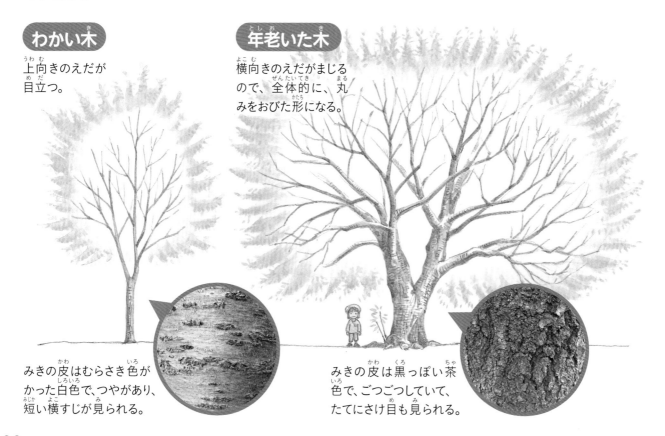

わかい木

上向きのえだが目立つ。

みきの皮はむらさき色がかった白色で、つやがあり、短い横すじが見られる。

年老いた木

横向きのえだがまじるので、全体的に、丸みをおびた形になる。

みきの皮は黒っぽい茶色で、ごつごつしていて、たてにさけ目も見られる。

やってみよう さくらの木をスケッチしよう

身近にあるさくらの木を観察し、スケッチしてみましょう。22ページでしょうかいしたわかい木と年老いた木のちがいにも注目して観察するとよいでしょう。葉を落とす冬の時期は、えだの様子がよくわかります。

必要なもの

- えんぴつ
- 消しゴム
- スケッチブック
  （画用紙の場合は画ばん）
- 色えんぴつ

かく場所を選ぶ

公園や学校、身近に生えているさくらの木をさがしましょう。ゆっくりと観察できる場所を選びましょう。

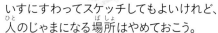

いすにすわってスケッチしてもよいけれど、
人のじゃまになる場所はやめておこう。

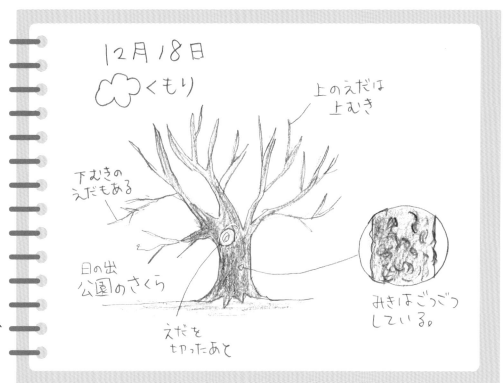

12月18日
くもり

上のえだは
上むき

下むきの
えだもある

日の出
公園のさくら

えだを
切ったあと

みきはごつごつ
している。

かいた絵には、観察して気づいたことを書きこもう。

日本の野生種のさくら

山や野などの自然のなかで、昔から生えているさくらの種類を「野生種」といいます。

茨城県桜川市の山には、多くのヤマザクラやカスミザクラ（→26ページ）が生えている。

自然に根ざす野生種

さくらというと、'そめいよしの'を思いうかべる人が多いでしょう。でも、'そめいよしの'は、もともと日本に生えていたさくらではありません。人が育てるずっと前から、自然に生えていたさくらの種類を「野生種」といいます。

日本の野生種は、10種類知られていて、育つ地いきやかんきょうによって、見られるさくらがちがいます。花の色や大きさ、花しょうとう（→19ページ）、わか葉の色などに注目することで、種類を見分けることができます。

ヤマザクラ（山桜）

赤茶色のわか葉が開くと同時に花がさく。'そめいよしの'が広まる前はもっとも身近なさくらで、古くから詩や歌によまれ親しまれてきた。

本州中部より南で見られる。

白い花と葉がいっしょに出る。

エドヒガン（江戸彼岸）

名前の通り、春の彼岸（3月20日前後）ごろにさく。じょうぶで長生きし、年老いた木や大木などが多く残っている。

本州、四国、九州で見られる。

花しょうとうはくびれたつぼのような形で、毛が多い。花がさいた後に葉が出る。

山梨県にあるエドヒガン「山高神代桜」は、日本三大桜（→2巻）のひとつとして知られている。

オオシマザクラ（大島桜）

緑のわか葉が出ると同時にかおりのよい花をさかせる。葉は塩づけにしてさくらもちなどに使う（→3巻）。

伊豆諸島、静岡県、千葉県で見られる。

白色の大きな花をさかせる。

オオヤマザクラ（大山桜）

花が赤いのでベニヤマザクラ（紅山桜）、北海道に多いので、エゾヤマザクラ（えぞ山桜）ともよばれる。

北海道や東北を中心に見られる。

うすいピンク色の大きな花が葉といっしょに出る。

日本の野生種のさくら

カスミザクラ（霞桜）

花へい（→19ページ）や葉へい（→20ページ）に毛が生えていることが多いため、ケヤマザクラ（毛山桜）ともよばれる。

北海道から九州の山地で見られる。

花と葉が同時に出る。

タカネザクラ（高嶺桜）

高山に生えることが多く、すずしい場所で見られる。花のさく時期はおそく、5月中ごろ〜6月終わりごろ。ミネザクラ（峰桜）ともよばれる。

北海道から本州中部の高山などで見られる。

下向きのピンク色、または白色の花をつける。

チョウジザクラ（丁子桜）

花しょうとう（→19ページ）が花にくらべて大きい。スパイスの丁子（クローブ）に花がにているため、この名前がついた。

東北から中部地方などで見られる。

花しょうとうは、丁子と形がにている。

スパイスの丁子

花はまばらにさく。

マメザクラ（豆桜）

名前の通り高さ1〜4メートルの低い木で、花も小さい。小さな木でも花をつけるので、ぼんさいに利用される。

関東から中部、近畿地方などで見られる。

花は白またはうすいピンク色。花しょうとうは短くて太い。

クマノザクラ（熊野桜）

2018年に発見されたさくら。3月はじめから花がさき、その後に葉が開く。

奈良県、三重県、和歌山県で見られる。

花はうすいピンク色。

ミヤマザクラ（深山桜）

シロザクラ（白桜）ともいう。葉が開いてから、白い花が上向きにさく。

東日本、四国、九州の山地で見られる。

花のつき方がほかのさくらとちがい、ひとつのくきに小さな花が4〜10こつく。

さくらメモ 日本に根づいた海外のさくら

中国や台湾などが原産のカンヒザクラ（寒緋桜）は沖縄県でも見られます。沖縄ではさくらといえば、このさくらをさし、1月終わりごろに日本で一番早くさきます。こいピンク色の花は下向きにさき、散るときは花びらが落ちるのではなく、花しょうとうごとぽとりと落ちます。

赤い花をさかせるカンヒザクラ。

いのちをつなぐさくらのたね

さくらの実（さくらんぼ）のなかには、さくらのいのちをつなぐたねが入っています。ヤマザクラ（→24ページ）を例に、実ができて、たねから芽ばえる様子を見てみましょう。

実ができるまで

さくらは、ミツバチ（→36ページ）などの虫が、ほかのさくらの木の花から運んできた花粉によって受粉し、実をつけます。

受粉後、子ぼう（→19ページ）がふくらみ、実ができます。緑色の実はやがて黒くじゅくし、ムクドリなどの鳥や、タヌキなど、さまざまな動物のごちそうとなるのです（→38ページ）。

ヤマザクラの実

日本のさくらの実は、にがみが強く、人が食べるのに向かない。店で売られているさくらんぼは、セイヨウミザクラとよばれる種類のさくらの実。

セイヨウ
ミザクラの実

受粉する

虫が別の木でみつを集めたときに体についた花粉によって、受粉する。

実ができる

花びらが落ちた後、実がふくらみ、緑から赤、赤から黒へと変わる。

たねが運ばれる

鳥などの動物によってたねが遠くに運ばれる。

ヤマザクラの花

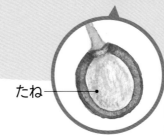

たね

実のなかにはたねが入っている。

28

たねから芽ばえる

　鳥や動物は、じゅくした実の外側を食べて、なかに入っているたねをあちらこちらに運びます。

　鳥や動物に食べられたたねは、ふんとともに森にまかれます。自分で動けない植物は、こうしてたねを遠くに広げ、自分たちの子どもをふやしているのです。

　地面に落ちたたねは、土や落葉の下でひと冬こした後に芽ばえます。

葉やえだがのび、おとなの木になる

　さいしょのころ、ヤマザクラは、四方八方にえだをのばし、20年ぐらいかけておとなの木になります。さくらの種類にもよりますが、木の高さが大体5〜6メートルほどになると、花をつけるようになります。

おとなの木になる

えだやみきが太くなる。
木の高さが20メートル
をこすものもある。

芽ばえる

地面に落ちたたねから芽ばえる。

鳥などのふんとともに、たねが地面に落ちる。

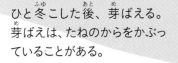

●——たね

ひと冬こした後、芽ばえる。
芽ばえは、たねのからをかぶっていることがある。

葉やえだがのびる

最初のころ、いきおいよくのびて、できるだけ大きくなろうとする。

さくらはどんな種類があるの？②

さいばい品種のさくら

日本でさいばいされているさくらは、100種類をこえます。'そめいよしの'をはじめとした、人気のさくらを見てみましょう。

土手に植えられている'そめいよしの'。

人がつくった
さいばい品種

もともと日本に生えていた野生種（→24ページ）のさくらをもとに、人が新しくつくりだしたさくらを「さいばい品種」といいます。さいばい品種は、今でも新しくつくられており、毎年ふえつづけています。

さいばい品種には、そのとくちょうや生まれたところなどをあらわすいろいろな名前がつけられています。

'そめいよしの'（染井吉野）
日本で一番多く植えられているさくら。3月下旬～4月上旬に、葉が出る前に花がさく。

‘そめいよしの’のはじまり

　‘そめいよしの’は、江戸時代のおわりに江戸の染井村（今の東京都豊島区）の植木職人が、「吉野桜」という名前で売り出したのがはじまりと考えられています。

　吉野桜は、吉野山に多いヤマザクラ（→24ページ）とはちがうことがわかったので、明治33（1900）年、染井村の名前をとって、‘そめいよしの’と名づけられました。

平安時代から、奈良県の吉野山は、さくらの名所だった。

江戸にいても、遠い吉野山の花見ができるのさ。

日本全国に広まった ‘そめいよしの’

　‘そめいよしの’は、エドヒガン（→25ページ）と、オオシマザクラ（→25ページ）の雑種のさくらだと考えられています。自然のなかで、ぐうぜん、雑種がつくられ、それがふやされたものが‘そめいよしの’となったのかもしれません。

　エドヒガンのとくちょうである、葉が出る前に花がさくこと、オオシマザクラのように花が大きく、はなやかな感じがすることが受け入れられ、日本全国に広がったのです。

エドヒガン

オオシマザクラ

福島県郡山市の開成山公園にある、日本でもっとも古い‘そめいよしの’の並木。明治9〜11（1876〜1878）年に植えられたと記録されている。

さくらはどんな種類があるの？②

さいばい品種のさくら

'しだれざくら'（枝垂桜）

エドヒガン（→25ページ）から生まれたさくら。えだが細く下向きにたれて、小さな花がおおいかぶさるようにさく。糸桜ともよばれる。

花は、白、またはうすいピンク色。

たれ下がったえだに、小さな花がたくさんつく。

'かわづざくら'（河津桜）

1950年ごろに静岡県河津町に植えられたさくら。河津町では、真冬の2月の中ごろに花をさかせるため、毎年、春をつげるさくらとして話題になる。

ピンク色の大きな花をさかせる。

ピンク色があざやかな'かわづざくら'。

'かんざん'（関山）

代表的な八重ざき（→19ページ）のさくら。

20〜45まいの、こいピンク色の花びらが人気となっている。

'ふげんぞう'（普賢象）

葉のようになった2本のめしべ（→18ページ）の形を、普賢ぼさつというほとけが乗る白い象のきばに見たてたともいわれる。

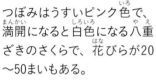

つぼみはうすいピンク色で、満開になると白色になる八重ざきのさくらで、花びらが20〜50まいもある。

普賢ぼさつと白い象。

'うこん'（鬱金）

さくらにはめずらしいうすい黄色の花がさく。ウコンという植物の根を使ってそめた色ににていることから、この名前がついた。浅黄ともよばれる。

さきはじめは黄色い（上の写真）が、散りぎわは中心が赤くなる（左の写真）。

'じゅうがつざくら'（十月桜）

エドヒガン（→25ページ）とマメザクラ（→27ページ）から生まれたさくら。10月ごろから、よく年の4月のはじめごろまで花がさきつづける。

紅葉の時期にさく。

'けいおうざくら'（啓翁桜）

ピンク色の小さい花がさき、切り花としてよく使われる。

さいばい品種のふやし方

さいばい品種（→30ページ）のさくらは、ふつう、「つぎ木」という方法でふやします。つぎ木をすれば、元の木とまったく同じとくちょうをもつ木をたくさんふやすことができます。

同じ種類でも個性がちがうさくら

どちらも同じヤマザクラ。
花びらの形が少しちがう。

　右の写真は、どちらも同じヤマザクラ（→24ページ）という種類のさくらです。同じヤマザクラでも、木によって、花の大きさや形、色、葉の色、開花する時期などが少しずつちがいます。

　人それぞれに顔やすがたのちがいがあるように、さくらも、木によって個性が見られます。

たねから育てると、同じ花がさかない？

　例えば、大きな花がさくヤマザクラの実からたねをとり、それを育てたとしましょう。育てた木は、親の木とまったく同じように、必ず大きな花をさかせるかというと、そうとはかぎりません。

　木によって花の大きさや形、色に変化が見られるように、親と子のあいだでもちがいが生まれることがあります。

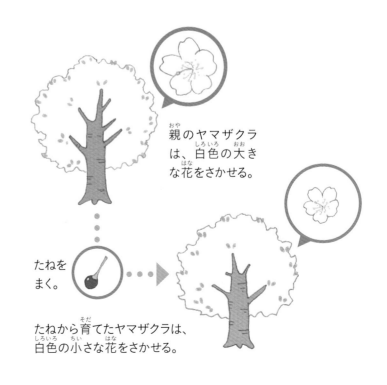

親のヤマザクラは、白色の大きな花をさかせる。

たねをまく。

たねから育てたヤマザクラは、白色の小さな花をさかせる。

34

つぎ木で分身をふやす

　たねでは、同じ大きさや形、色の花をさかせるさくらを安定してふやせません。そこで、さいばい品種では、元の木とまったく同じ分身（クローン）をつくってふやします。「つぎ木」とよばれる方法です。

　つぎ木では、根元で切ったさくらの台木の切り口に、ふやしたい木の芽のついたえだをつなぎます。えだは台木から養分をもらって育っていきます。

　この方法によってふやされた 'そめいよしの' は、日本全国どこで見ても、ほとんど同じ大きさや形、色の花をさかせ、わたしたちを楽しませています。

つぎ木で育てたさくらのなえ木。

つぎ木の方法

根元近くで切ったさくらの台木の切り口に、ふやしたい木の芽のついたえだをつなぐ。えだは台木から養分をもらって育つ。

1

台木とするさくらをじゅんびし、根元近くで切りとる。

2
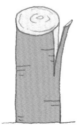
つぎ口を開ける。

3
ふやしたい木のえだをさしこむ。

4

テープでしっかり結ぶ。

さくらメモ 'そめいよしの' は実ができないの？

　さくらのなかまは、自分の花粉で実をつけることができません。植えられている 'そめいよしの' は、すべてクローンであるため、'そめいよしの' の花粉が、べつの 'そめいよしの' の花についても実ができないのです。

　ただ、近くにちがう種類のさくらがあれば、たねをつけることがあります。

'そめいよしの' の実

さくらの木に見られる生き物

さくらの木には、1年を通して、虫や鳥、動物などさまざまな生き物がおとずれます。

虫のなかま

さくらの木には花粉を運んでくれるミツバチ、葉を食べるチョウやガのよう虫などが見られます。

よう虫が葉を食べた後に出すふんは、土にまざり、さくらの木を成長させる養分にもなります。さくらの木にとって、葉を食べるよう虫は、役に立つ生き物でもあるのです。

ニホンミツバチ
花がさく春によく見られる。花のみつをすい、花粉を運ぶ。

ヒロバツバメアオシャクのよう虫
さくらのえだにそっくりなすがたをしている。

モンクロシャチホコのよう虫
葉を食べる毛虫として知られている。

アブラゼミ
さくらのみきのなかの樹えきをすう。

アリのなかま

葉から出すみつや、えだや葉につくアブラムシをもとめてアリが集まる。

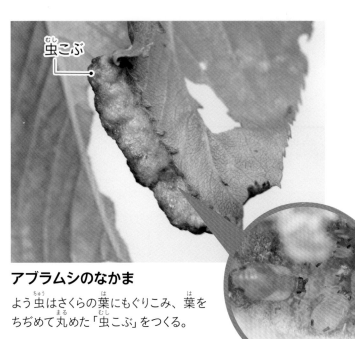

虫こぶ

アブラムシのなかま

よう虫はさくらの葉にもぐりこみ、葉をちぢめて丸めた「虫こぶ」をつくる。

虫こぶのなかにひそむアブラムシ。

ヤツメカミキリ

成虫（写真）はさくらの木のみきにたまごを産みつける。たまごからかえったよう虫は、みきを食べる。

カビやキノコのなかま

　さくらのみきには、キノコも生えます。キノコは、さくらのみきをくさらせ、なかをからっぽにすることがあります。
　また、見た目がコケのような生き物、「地衣類」もよく見られます。これは、カビやキノコのなかまである菌類と藻類（藻のなかま）がいっしょになっている生き物です。

カワウソタケ

かさはかたく、かわくと下の方へ曲がる。

ウメノキゴケ

'そめいよしの'のみきの表面についた地衣類。

さくらの木に見られる生き物

鳥や動物のなかま

花のみつは、虫だけでなく鳥も大好物です。さくらの実は、鳥やムササビ、タヌキ、イタチ、クマなどの動物の大切な食料になります。みきに巣をつくる鳥もいます。さくらの木は、多くの生き物が関わっているのです。

メジロ
花のみつをなめ、花粉を運ぶ。

ムクドリ
実を食べる。

ムササビ
実や新芽を食べる。

鳥の巣
エナガなどの鳥がみきに巣をつくる。

キツツキ
みきをつついて、出てきた虫を食べる。

タヌキ
実を食べる。

イタチ
実を食べる。

さくいん

❀ 監修　勝木俊雄

1967年福岡県生まれ。1992年東京大学大学院農学系研究科修士課程修了。農学博士。現在、国立研究開発法人 森林研究・整備機構 森林総合研究所 多摩森林科学園チーム長。専門は樹木学、植物分類学、森林生態学。著書に『桜』（岩波新書）、『まるごと発見！ 校庭の木・野山の木① サクラの絵本』（編著　農山漁村文化協会）、『サイエンス・アイ新書 桜の科学』（SBクリエイティブ）など多数。

❀ スタッフ

装丁・デザイン	高橋里佳　桑原菜月（Zapp！）
イラスト	今井未知　鴨下潤　小林絵里子
執筆協力	加藤千鶴
校正	株式会社 みね工房
編集制作	株式会社 童夢

❀ 写真提供（五十音順・敬称略）

（一社）郡山市観光協会　P31 ／ 井上雅史　P37 ／
勝木俊雄　P17, P24, P26, P27, P32, P33, P34, P35 ／ 川邊透　P36, P37 ／
京都九条山自然観察日記（https://net1010.net/）P17 ／
Qwert1234 10 May 2015　ミヤマザクラ 福島県会津地方https://commons.wikimedia.org/wiki/File:Prunus_maximowiczii_1.JPG　P27 ／
桜川市　P24 ／庭木図鑑　植木ペディア（https://uekipedia.jp）P17, P19, P25, P26, P27, P31, P32, P33, P35 ／
林将之　P14, P20, P21 ／ PIXTA　P4-5, P10, P18, P25, P33, P36, P37, P38 ／
福原達人（福岡教育大学）P37

もっと知りたい さくらの世界

① さくらってどんな木？

2020年1月　初版第1刷発行

監　修	勝木俊雄
発行者	小安宏幸
発行所	株式会社汐文社

　　　　〒102-0071　東京都千代田区富士見1-6-1
　　　　電話 03-6862-5200　ファックス 03-6862-5202
　　　　URL https://www.choubunsha.com

印　刷	新星社西川印刷株式会社
製　本	東京美術紙工協業組合

ISBN 978-4-8113-2680-1